中國地理繪本

北京、天津、河北

鄭度◎主編　黃宇◎編著　伊麗莎·史陶慈◎繪

U0064065

中華教育

責任編輯　梁潔瑩
裝幀設計　龐雅美
排版　龐雅美
印務　劉漢舉

中國地理繪本

北京、天津、河北

鄭度◎主編　黃宇◎編著　伊麗莎・史陶慈◎繪

出版 / 中華教育

香港北角英皇道 499 號北角工業大廈 1 樓 B 室

電話：(852) 2137 2338　傳真：(852) 2713 8202

電子郵件：info@chunghwabook.com.hk

網址：http://www.chunghwabook.com.hk

發行 / 香港聯合書刊物流有限公司

香港新界荃灣德士古道 220–248 號荃灣工業中心 16 樓

電話：(852) 2150 2100　傳真：(852) 2407 3062

電子郵件：info@suplogistics.com.hk

印刷 / 美雅印刷製本有限公司

香港觀塘榮業街 6 號海濱工業大廈 4 樓 A 室

版次 / 2022 年 10 月第 1 版第 1 次印刷

©2022 中華教育

規格 / 16 開 (207mm x 171mm)

ISBN / 978–988–8808–61–8

目錄

※ 中國各地面積數據來源：《中國大百科全書》(第二版)；
　中國各地人口數據來源：《中國統計年鑒 2020》(截至 2019 年年末)。

※ ◎為世界自然和文化遺產標誌。

千年古都——北京

人口：約 2154 萬
面積：約 1.7 萬平方公里

北京，簡稱京，是中國的首都、政治中心和文化中心。北京既是歷史悠久的千年古都，也是商業繁榮的現代化國際大都市。

周口店北京猿人遺址

世界著名的古人類遺址，曾發掘出北京猿人的化石。根據出土物可以得知，北京猿人可以製作簡單的石器，還會使用火。

明成祖朱棣

明朝第三位皇帝，下令將都城從南京遷往北京。

京味美食

炸醬麵、炒肝、銅鍋涮肉都是極具特色的北京傳統美食。

炸醬麵　　　　炒肝

銅鍋涮肉

天壇是明清兩朝皇帝祭天，祈求五穀豐登、國泰民安的場所，是中國現存最大的古代祭祀建築羣，有極高的歷史價值和深厚的文化內涵。

前門大柵欄

北京重要的傳統文化商業街，有400多年的歷史。

奧運聖火

北京是2008年第29屆奧林匹克運動會的主辦城市，奧運聖火曾在這裏傳遞。

地形地貌

地勢西北高、東南低。

氣候

夏季高溫多雨，冬季寒冷乾燥，春秋短促。

景泰藍

盛行於明朝景泰年間，以藍釉為主。

中央電視台辦公新址

由荷蘭設計師雷姆·庫哈斯和德國設計師奧勒·舍倫設計，造型很特別。

雍和宮

這裏是雍正帝即位前的府第，也是乾隆帝出生的地方。乾隆時改為皇家寺院。

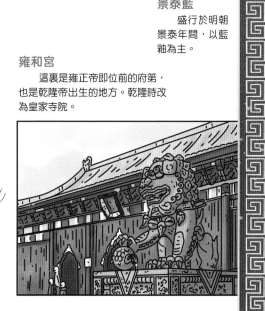

睿睿：

我終於來到了首都北京。這裏的馬路又直又寬，天安門廣場的升旗儀式無比莊嚴，故宮比想像中的還要大！北京真是太美了。

茉莉

大興國際機場

其雙層出發、雙層到達的功能，為全國首創。

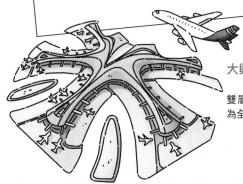

首都博物館

藏品多是北京地區出土的文物，全面展現了北京的歷史、民俗、藝術和文化。

中國傳統木結構建築營造技藝

故宮的建築以木材為主要建築材料，採用卯榫結構。

卯榫是木結構的桿件，有了它們，即使沒有釘子也能讓一塊塊木材牢牢連接在一起。

御花園

原是供皇帝和后妃散步賞景的花園。

故宮，一磚一瓦皆歷史

故宮是明清兩朝的皇宮，又稱為紫禁城。1925 年故宮博物院成立後，這裏才被稱為故宮。故宮是現存規模最大、保存最為完整的古代宮殿建築羣。

養心殿

自清朝雍正皇帝即位以後，這裏成為皇帝居住、議政的場所。

乾清宮

保和殿

太和殿

太和門

午門

故宮佔地面積
約為 72 萬平方米，
有 8700 多間房！

九龍壁

　　雕有九條龍的琉璃影壁，用
黃、綠、紫等顏色的琉璃組砌而成。

太和殿

　　俗稱「金鑾殿」，是舉行
大朝會和大典的地方。

乾清宮

　　自清朝雍正皇帝移住養心殿
以後，這裏成為皇帝處理政務、
接受朝賀的地方。

走進皇家園林

作為明清兩朝的都城，北京有多處皇家園林。

頤和園

頤和園是中國現存最完整、規模最大的一座皇家行宮林苑，被譽為「皇家園林博物館」，是世界文化遺產之一，擁有十七孔橋、長廊、佛香閣等名勝。

十七孔橋

中國皇家園林中現存最長的橋，長 150 餘米。

橋欄望柱上雕刻了 500 多隻造型各異的石獅子。

北海公園

中國現存最古老的皇家園林，園內瓊華島上的白塔是這裏的代表景觀。

香山

清朝皇帝曾在這裏修建行宮。這裏林木茂盛，秋天紅葉染紅山頭，美不勝收。

圓明園

曾被譽為「萬園之園」，在第二次鴉片戰爭中被英法聯軍燒毀，園內數不清的文物被掠奪或破壞。

長廊

　　頤和園有一條長 728 米的長廊，
長廊的樑枋上繪有精緻的彩畫。

佛香閣

　　頤和園的核心建築，
位於萬壽山上。

被燒毀前

　　圓明園如今只剩下
斷壁殘垣。

被燒毀後

萬里長城永不倒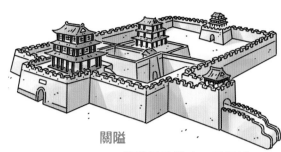

長城是中國古代偉大的軍事防禦工程，在北京、山西、內蒙古、遼寧、陝西等地都能看到它的身影。

關隘

關隘易守難攻，是長城防禦機制的重要部分。河北的山海關、北京的居庸關、山西的雁門關都是大型關隘。

烽火台

古代偵察敵情、傳遞消息的設施。發現敵人後，士兵可以通過點燃烽火台來傳遞消息。

八達嶺長城

位於北京，是明長城非常重要的一段。

大境門

位於河北，是一座以「門」命名的關隘。

居庸關

位於北京，是古代北京通往塞外的重要關口。

金山嶺長城

位於河北，風景優美，有「萬里長城，金山獨秀」的美譽。

長城有多少歲？

長城在春秋戰國時期就已經初具雛形，後經過歷朝歷代的不斷修建，一直到明朝才形成現在的規模。所以，長城已經有兩千多歲了。

長城有多長？

國家文物局用了6年才測量完長城的長度，並發佈了《中國長城保護報告》。報告顯示，長城長21196.18公里，是名副其實的萬里長城。

虎山長城

位於遼寧虎山，是明長城的最東端。

九門口

位於遼寧，是一段罕見的水上長城。

嘉峪關

位於甘肅，是明長城西端的重要關隘。

目前可供遊客參觀的長城只是長城的一小部分，大部分長城都尚未開發。

9

路過胡同口，走進四合院

過去的北京城裏有許多大大小小的四合院。為了出入方便，人們會在每排院落之間留出通道，通道互相通連，就形成了胡同。現在，胡同和四合院已經成了北京傳統居住文化的標誌。

爆米花喲！馬上爆啦！

葫蘆兒，冰糖多！

磨剪子喲，搶菜刀。

在老北京的胡同裏，小商小販走街串巷，邊賣商品邊吆喝，熱鬧極了。

胡同裏的北京

北京的胡同多如牛毛，南鑼鼓巷、後海一帶有很多歷史悠久且獨具特色的胡同。老人在胡同口曬太陽、下棋，孩子們在胡同裏玩耍，小商販吆喝着販賣商品，這就是最原汁原味的胡同裏的生活。

北京胡同之最

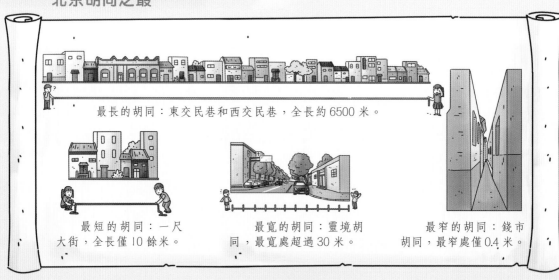

最長的胡同：東交民巷和西交民巷，全長約 6500 米。

最短的胡同：一尺大街，全長僅 10 餘米。

最寬的胡同：靈境胡同，最寬處超過 30 米。

最窄的胡同：錢市胡同，最窄處僅 0.4 米。

方方正正的四合院

四合院是中國傳統的院落式住宅，其四周都有房屋，中間圍着一個院子。四合院通常四四方方，呈中軸對稱。四合院的格局多種多樣：有「口」字形的一進院、「日」字形的二進院、「目」字形的三進院等。

四合院的牆面和屋頂一般為青灰色，只有貴族才能使用琉璃瓦、朱紅門牆和金色裝飾。

隨着舊城區改造，胡同和四合院越來越少。如今，越來越多的老北京人來到公園裏遛鳥、鬥蛐蛐、抽陀螺、抖空竹。

11

滿漢全席

一種盛大筵席，因菜品繁多，用料珍貴，且滿食、漢食都有，所以被稱為「滿漢全席」。

地道的京味美食

明清時期，各地美食都匯聚到北京，就連百姓吃不到的宮廷美食，也在經過改良後流入民間。

烤鴨飄香

掛爐烤鴨最初是滿漢全席中的一道菜，流傳到民間後深受百姓喜愛，成為北京名吃，享譽全球。

百年老字號

　　清朝時，烤鴨已經非常受歡迎，京城中有不少專門經營烤鴨的飯店。創建於 1864 年的全聚德以烤鴨聞名，至今已有 150 多年的歷史。

捲起來吃才香。

甜麵醬

荷葉餅

葱白絲

黃瓜條

切成片的鴨肉

吃烤鴨有講究

　　北京烤鴨有很多種吃法，最常見的是將烤好的鴨子趁熱切成片，蘸甜麵醬，加葱白絲、黃瓜條，用特製的荷葉餅捲着吃。

北京小吃

　　北京小吃種類多樣，有的從宮廷傳入民間，有的從民間傳入宮廷。相傳，豌豆黃原本是百姓用豌豆製作的一種甜品，後來傳入皇宮，深受慈禧太后喜愛。

豌豆黃

爆肚

豆汁和焦圈

炸灌腸

褡褳火燒

滷煮火燒

艾窩窩

南北中軸線，十里長安街

北京的南北中軸線南起永定門，北至鐘樓、鼓樓，故宮的主要建築都在這條中軸線上。著名的長安街則是北京東西軸線的街道。兩條軸線的交界處有天安門、人民大會堂、中國國家博物館、國家大劇院等建築，而天安門更是兩條軸線的中心點。

天安門廣場

在天安門的正前方，是中國人民舉行政治活動的重要場所。

天安門前後各有一對做工精良的華表，它們與天安門前方的5座金水橋一樣，都是漢白玉材質。

國家游泳中心

又稱「水立方」，位於南北中軸線的延長線上。它的夜景燈光效果十分夢幻。

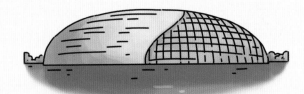

國家大劇院

造型獨特。它的北入口是一條80米長的水下長廊。

國家體育場

又稱「鳥巢」，是 2008 年北京奧運會的主場館，也是世界上跨度最大的鋼結構建築。

中國國家博物館

位於天安門廣場東側，集徵集、收藏、研究、考古、文化交流於一體。

人民大會堂

位於天安門廣場西側，是舉行重要國事活動的場所。中國第五套人民幣 100 元紙幣背面的圖案就是人民大會堂。

永不衰老的城市

北京作為中國的首都，是全國的政治中心、文化中心和國際交往中心，還具有十分重要的經濟地位。

繁華大都市

當古老的建築融入流光溢彩的繁榮商圈，一個融合了歷史與未來的國際之城就呈現在人們眼前。

王府井大街

北京著名的步行商業街，緊鄰長安街，已有數百年歷史。

王府井大街上有一口甜水井。

炸蠍子、炸蠶蛹是王府井小吃街的特色小吃。

巷裏有很多名人故居。

南鑼鼓巷

京味最濃的商業街之一。

漫遊博物館

北京不僅有大名鼎鼎的故宮博物院和中國國家博物館，還有很多其他的博物館。

北京自然博物館

這裏有大量古生物、動物、植物等方面的藏品，總量超過 20 萬件。

北京自然博物館中還設有恐龍世界，集合了各種各樣的仿真恐龍，栩栩如生。

猛獁象化石

北京天文館

中國第一座大型天文館。這裏有世界頂級的全天域數字投影系統。

中國科學技術館

中國唯一的國家級綜合性科技館。這裏有專為兒童打造的「兒童科學樂園」展區。

開啟藝術之旅

作為全國的文化藝術中心，北京有很多藝術街區和大型美術館，藝術家們的作品和創意讓人們的生活變得更加豐富多彩。

798 藝術區

中央美術學院美術館

學子追夢的地方

北京匯集了北京大學、清華大學、中國人民大學等名校，是莘莘學子實現夢想的地方。

博雅塔與未名湖

博雅塔、未名湖和北大圖書館共同組成了「一塔湖圖」的北大景色。

北京大學

北京大學創辦於 1898 年，最初叫京師大學堂，是中國第一所國立大學。1912 年更名為北京大學。

水木清華

水木清華位於清華大學工字廳的北側，夏天荷花盛開，景色優美，是學子們學習、休閒的好去處。

清華大學

清華大學被譽為「工程師的搖籃」，是一所以理工科為主的綜合性大學。

中國地質大學

北京語言大學

北京林業大學

中國礦業大學

學　院　　　路

北京大學
醫學部

北京科技大學

北京農業大學

高校一條街

　　北京市海淀區的學院路上有好幾所高校，來自全國各地的大學生在這裏追尋夢想。

中國國家圖書館

　　國家總書庫，前身是京師圖書館。

國子監

明朝時，北京設有規模宏大的國子監。它是當時的教育管理機構和最高學府。

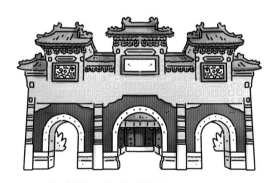

北京國子監琉璃牌坊

　　牌坊頂部覆蓋着黃色琉璃瓦。

北京孔廟

　　位於國子監旁邊，是元、明、清三朝祭祀孔子的場所。

京劇

京劇被視作中國戲曲之首，曾有「國粹」之稱。京劇融合了多種戲曲元素，風格獨特。

豫劇

豫劇發源於河南開封。那一句鏗鏘高亢的唱腔「誰說女子不如男」就源於豫劇《花木蘭》。

了不起的中國戲曲

世界上有三種古老的戲劇文化，中國戲曲就是其中之一。京劇、豫劇、越劇、評劇與黃梅戲等，都是非常受歡迎的中國戲曲劇種。

生

旦

淨

末

丑

行當

指戲曲演員專業分工的類別，如京劇的生、旦、淨、末、丑。

越劇

發源於浙江紹興。代表劇目有《梁山伯與祝英台》等。

評劇

評劇產生於河北，在中國北方廣為流傳，代表劇目有《劉巧兒》等。

黃梅戲

黃梅戲是安徽的地方大戲，代表劇目有《天仙配》等。

京劇常用的樂器

文場

文場的伴奏樂器主要是管弦樂器，如二胡、三弦、月琴等。

武場

武場的伴奏樂器主要是敲擊樂器，如鼓、鑼、水鈸等。

臉譜

臉譜是戲曲演員的角色妝容，不同的角色有不同的臉譜。

京劇基本功

京劇對演員要求很高，演員不僅要能說會唱，還要練習形體、眼神和表情，就連複雜的武打動作也要掌握。

唱　唸　做　打

渤海明珠——天津

人口：約 1562 萬
面積：約 1.2 萬平方公里

天津，簡稱津，以繁榮的碼頭文化而聞名，自古便是海上經濟要塞。這座城市中既有西方風格的建築，也有中國傳統風格的建築。

奶奶：

今天我來到了您的故鄉，天津人熱情幽默，待人親切。我買了您最愛吃的天津大麻花！

茉莉

獨樂寺

古代佛教建築。寺中的觀音閣結構精巧，閣內中央佛壇上有高 16 米的泥塑觀音菩薩像。

月季

四季開花不絕，是天津的市花。

天津大學

前身為天津中西學堂，是中國第一所現代大學。

航母主題公園

以「基輔號」航母為遊覽主題，有各種與航母有關的表演項目。

天津奧林匹克中心體育場

2008 年北京奧運會足球預選賽賽場之一，場館外形酷似水滴。

天津傳統小吃

天津有很多獨具特色的傳統小吃。

豆根糖

楊村糕乾

熟梨糕

勸業場曾是天津最大的商場，1928 年開業時，現場懸掛着「勸我胞與，業精於勤，商務發達，場益增新」的牌匾，其中隱藏着商場的名稱「勸業商場」。如今，勸業場仍然屹立在天津最繁華的商業街上，見證着天津商業發展的歷史與未來。

天津民俗博物館
位於古文化街中心，利用天后宮古建築羣作為館舍。

地形地貌
北部是山地，其餘地區均是沖積平原。

氣候
冬季寒冷乾燥，夏季炎熱多雨。

梅花大鼓
中國北方曲藝曲種，主要流行於華北各地。

望海樓教堂
由法國天主教會建造，曾兩次被焚毀。

世紀鐘
位於海河河畔，是天津市的地標性建築。

天津廣播電視塔
是一座建在水上的塔，現為亞洲第三高塔。

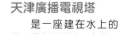

老碼頭的故事

俗語說「先有三岔口，後有天津衛」。天津的三岔河口是海河、南運河、北運河的交匯處。清朝時，隨着京杭大運河的進一步暢通，漕運發展迅速，三岔河口兩岸貿易繁榮，商賈雲集，天津因此成為中國北方的水運交通樞紐，三岔河口也因此有了「天津搖籃」的美稱。

過去，船員們在出海前，常到天后宮祈求平安。

碼頭上有來自全國各地的大小商船和豪華遊船，繁榮無比。

三岔河口一帶，飯館、客棧、雜貨店一應俱全，方便了人們的生活。

「狗不理包子」和「耳朵眼炸糕」等小吃在這裏很受歡迎。

這座城市有點「鹹」

天津是中國北方的海鹽產區之一。天津海岸線長 150 餘公里，具有得天獨厚的產鹽條件。天津的長蘆鹽場是中國最大的鹽場。

鹽母

很多盛產海鹽的地方都有向鹽母祈福的風俗。

鹽田製鹽法

生產海鹽的主要方法之一，歷史悠久，至今仍然被廣泛使用。

納潮、製鹵

納潮是指將海水引入修好的鹽田。經初步晾曬蒸發，海水的濃度逐漸加大，成為鹵水，此為製鹵。

結晶、收鹽

將鹵水引入結晶池繼續蒸發，鹵水就會慢慢出現結晶。等海水蒸發殆盡，便可以收鹽了。

天津「八大家」

　　過去，天津有「八大家」之說，「八大家」指的是歷史上的幾個顯赫的商賈家族。這些家族出了很多鹽商，可見鹽業在天津有十分重要的地位。

　　天津鹽商致富之後，捐修了不少書院，間接推動了天津的文化發展。

石元士

　　石家大院的最後一位主人。

石家大院

　　原是天津「八大家」之一的石家宅院，位於天津古鎮楊柳青。院中的石府戲樓是中國目前發現的規模最大的封閉式民宅戲樓。現在石家大院已開闢為「楊柳青博物館」供遊客參觀。

去天津看一看

清朝末年，英國、法國、美國等多個國家在天津設立租界，修建了不同風格的建築，很多建築至今仍在使用，成了看得見的歷史。

永樂橋摩天輪

永樂橋摩天輪是一座建在橋上的巨大摩天輪，它橫跨在海河上，直徑100餘米。遠遠看去，圓圓的摩天輪就像一隻美麗的大眼睛，人們於是稱它為「天津之眼」。

五大道

五大道由馬場道、睦南道、大理道、常德道、重慶道五條馬路組成，曾是英租界的黃金地段，匯集了大量獨具特色的「小洋樓」和名人故居。

梁啟超

　　中國近代思想家、清末戊戌變法的發起者之一。在意大利風情旅遊區能找到梁啟超故居。

ITALIAN STYLE TOWN

意大利風情旅遊區

　　這裏曾是意大利的租界，至今仍然有百餘棟意式建築，現已成為休閒旅遊區。

西開教堂

　　羅馬式建築，是天津最大的天主教堂。

利順德大飯店

　　一座英式風格的飯店。很多歷史名人和政客都曾來過這裏，飯店中還有很多珍貴的文物。

脫胎換骨的「海洋之城」

　　天津老城區充滿了歷史的氣息，而緊鄰渤海的濱海新區則是一座充滿希望的「海洋之城」，這裏有很多以海洋為靈感而設計的建築。

天津海昌極地海洋世界
　　整座建築看起來就像一隻巨大的鯨魚。在這裏不僅能看到北極熊、企鵝等極地生物，還能走入180度全景海底隧道，探索海洋奧祕。

天津港
　　中國北方重要的國際港口，位於渤海灣的海河入口處。這裏每天都有很多載有集裝箱、石油等貨物的輪船進出港口。

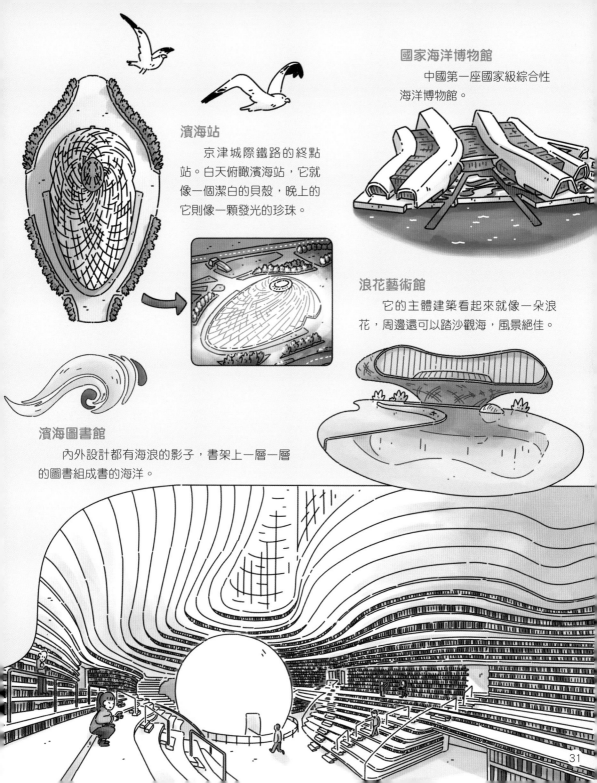

國家海洋博物館

　　中國第一座國家級綜合性海洋博物館。

濱海站

　　京津城際鐵路的終點站。白天俯瞰濱海站，它就像一個潔白的貝殼，晚上的它則像一顆發光的珍珠。

浪花藝術館

　　它的主體建築看起來就像一朵浪花，周邊還可以踏沙觀海，風景絕佳。

濱海圖書館

　　內外設計都有海浪的影子，書架上一層一層的圖書組成書的海洋。

念念不忘天津味

天津是歷史悠久的「曲藝之鄉」，更是隱祕的「美食之都」，樂觀的天津人譜寫着充滿魅力的津味文化。

美食的香味

天津人愛吃、會吃、講究吃，早餐種類多到讓人連吃一個月都不重複。

包子＋餛飩

天津十八個褶的「狗不理包子」享譽全國。包子配餛飩，香！

麵茶＋炸糕

「耳朵眼炸糕」是「津門三絕」之一，與麵茶是絕配。

煎餅餜子＋豆漿

正宗天津煎餅餜子的精髓是綠豆麵做的餅糊和餅內酥脆的餜箅兒。

「嘎巴菜」＋燒餅

「嘎巴菜」是天津特有的一種小吃，最佳搭檔非燒餅莫屬！

我要二兩包子！

曲藝的韻味

天津人熱愛曲藝，很多曲藝形式並非起源於天津，卻在天津受到歡迎，並逐漸在全國流行起來。

早年相聲都在天橋演。

現在可不一樣了。

相聲

天津相聲自成一派。著名相聲演員馬三立老先生曾靠一句「逗你玩兒」掀起全國相聲熱潮。

天津時調

天津代表曲種之一。大多是一人獨唱。

快板書

由「數來寶」演變而來。表演者通常手持「七塊板兒」為自己打節奏。

天津傳統手工藝品三絕

泥人張

天津著名的手工藝老字號，其彩塑作品形象逼真，造型準確。

楊柳青木版年畫

北方流行的年畫品種，清朝時極負盛名。

魏記風箏

走出國門的可摺疊風箏。

燕趙大地——河北

省會：石家莊
人口：約 7592 萬
面積：約 19 萬平方公里

河北，簡稱冀。河北環抱着北京和天津，有「首都後花園」的美稱。

地形地貌

河北省西北高、東南低，兼具平原、山地、高原等地貌。

氣候

冬季寒冷乾燥，夏季炎熱多雨。

自然資源

河北是中國主要的黃金生產基地之一。

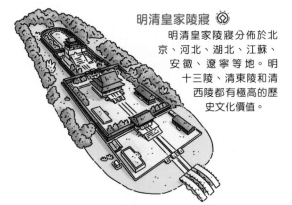

明清皇家陵寢

明清皇家陵寢分佈於北京、河北、湖北、江蘇、安徽、遼寧等地。明十三陵、清東陵和清西陵都有極高的歷史文化價值。

打樹花

將熔化的鐵水潑灑到古城牆上，火花迸射，宛若煙花。

長信宮燈

漢代青銅器，被譽為「中華第一燈」，出土於中山靖王劉勝之妻墓。

野三坡風景區

位於太行山和燕山交匯處，有蜿蜒曲折的拒馬河、氣勢宏偉的百里峽、古跡繁多的龍門天關等景區。

唐山抗震紀念碑

1976 年，河北唐山發生 7.8 級大地震，傷亡慘重。人們在唐山修建地震遺址紀念公園和抗震紀念碑，悼念在地震中遇難的人們。

驢肉火燒

在河北，驢肉火燒是非常受歡迎的美食。

趙州橋

始建於隋朝，由著名匠人李春設計。

直隸總督署
　　位於河北保定，是清代軍政衙署建築。

白石山
　　擁有全國罕見的白色大理岩峯林地貌。

　　山海關是明長城東端重要關口，被稱為「邊郡咽喉」，是歷史上的兵家必爭之地。山海關與長城相連，有東、西、南、北四座城門，東門的門樓上懸掛着著名的「天下第一關」匾額。

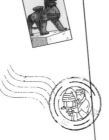

小倫：
　　我終於來到了你的故鄉河北。我去了承德避暑山莊和野三坡。河北是個好看又好玩的地方，期待將來我們可以一起遊河北！
　　　　　　　　茉莉

老龍頭
　　明長城入海處，如龍頭伸向大海，所以被稱作老龍頭。

鄴城遺址
　　位於邯鄲市臨漳縣，是歷史上曹魏、後趙、冉魏、前燕、東魏、北齊的都城遺址，大量佛教造像出土於此。

避暑勝地，塞外京都

　　清朝皇帝在河北承德開闢木蘭圍場、修建避暑山莊，使承德成為當時僅次於北京的另一個政治中心。

避暑山莊

　　避暑山莊是中國現存佔地面積最大的古代行宮。山莊中有七十二景，其中三十六景由康熙皇帝用四字題名，三十六景由乾隆皇帝用三字題名。

木蘭圍場

　　開闢於康熙年間，康熙帝、乾隆帝、嘉慶帝都曾來這裏狩獵。

塞罕壩國家森林公園

　　塞罕壩國家森林公園是木蘭圍場的一部分，是世界上最大的人工林。

盡覽天下美景

避暑山莊匯集了全國多地的園林藝術風格，其造園手法令世人驚歎。

金山島

金山島的佈局仿自江蘇鎮江金山寺。

文園獅子林

文園獅子林的原型是蘇州獅子林，園中奇石林立。

永佑寺舍利塔

永佑寺舍利塔位於避暑山莊萬樹園東北側，是仿照杭州六和塔修建的。

外八廟

環佈於避暑山莊的東面和北面，是由溥仁寺、普寧寺、普陀宗乘之廟、須彌福壽之廟等寺廟組成的藏傳佛教寺廟建築羣。

普陀宗乘之廟

外八廟中規模最大的一座廟宇，外觀與拉薩的布達拉宮相似。

普寧寺

普寧寺是外八廟中保存最完整的古建築。前部有七座殿宇，是明清典型佛寺形制；後部建築是仿照西藏桑鳶寺修建的。

濃縮的「國家地理讀本」

河北是中國唯一兼有高原、山地、丘陵、平原、盆地等地形的省份，被人們稱作濃縮的「國家地理讀本」。

北戴河海濱風景區

這裏氣候溫和，冬無嚴寒，夏無酷暑，是一處難得的避暑勝地。

野三坡百里峽

峽谷內奇岩聳立，氣勢宏偉，堪稱大自然的奇跡。

遼河源國家森林公園

因其位於中國遼河的發源地而得名。以山峯、森林、草原、清泉、奇石而聞名。

張北壩上草原

位於張家口市，每年7月都會舉辦草原音樂節。

崆山白雲洞

中國北方一處難得的喀斯特風景洞穴景觀，洞內有各種各樣的石鐘乳、石筍、石柱等。

天漠

位於張家口市懷來縣，是一片微型沙漠，很多電影、劇集中的沙漠場景都是在這裏取景拍攝的。

白洋淀

白洋淀是一處景色秀麗的天然湖泊濕地，也是河北最大的湖泊之一，素有「北國江南」的美稱。

雙塔山

在距離承德避暑山莊不遠處，有兩座巨大山峯拔地而起，這就是著名的雙塔山。

「武術之鄉」與「雜技之鄉」

　　武術和雜技在中國有悠久的歷史，是中華文化的驕傲。河北省的滄州市更是以武術和雜技名揚世界。

滄州武術

　　河北滄州有「武術之鄉」的美稱。據統計，明清時期，這裏曾出過近 2000 名武進士、武舉人。

空中飛人

耍花盤

吳橋雜技

　　滄州市吳橋縣是中國雜技的發祥地之一，是世界聞名的「雜技王國」。在吳橋，人們常說：「上至九十九，下至剛會走，吳橋耍玩意兒，人人有一手。」可見吳橋人對雜技十分喜愛。

頂缸

永年太極

　　河北邯鄲市的永年區是「楊氏太極拳」和「武氏太極拳」的發源地，這兩種太極拳流派均是中國的非物質文化遺產。

綢吊

走鋼絲

柔術

肩上芭蕾

天壇有一面「會傳話」的牆

天壇是中國現存規模最宏大的古代祭祀建築羣，這裏的回音壁和天心石具有奇特的聲學效應，吸引了很多中外遊客。

皇穹宇

回音壁

聽見了。

聽不見。

50米

6 米

回音壁

回音壁是天壇皇穹宇的圍牆，是經過嚴密計算後建造而成的，聲波經圍牆反射，可以傳得很遠。兩個人挨着回音壁說話，就算相距四五十米遠，也能聽得清清楚楚。

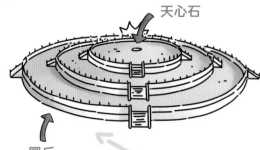

天心石

天心石

天心石是天壇圜丘中心的一塊圓形石板，站在天心石上說話時，四周的圍欄可以反射聲波，當說話的聲音與回聲重疊在一起，就會產生共鳴，像用了擴聲器一樣。

圜丘